best
of

Joël
ROBUCHON

喬埃·侯布雄

料理是種愛的表現，因爲我們會最先得到人們的讚賞。這就是爲何音樂，還有繪畫，
以及所有其他美好的事物一樣，以我們的角度來看，是門精雕細琢且具規則性的藝術，
而且唯有它們所傳達出的愛，才能消弭心中的不安。若說音樂爲大衆帶來愛的訊息；
繪畫讓人們因共同的喜好而齊聚一堂；那麼料理在家庭中，也應當賦予我們相同的感受。

大境文化

SOMMAIRE 目錄

蟹肉番茄千層派
MILLE-FEUILLE
DE TOMATE AU CRABE

海膽茴香布丁
PETITE CRÈME
AUX OURSINS ET AU
FENOUIL

松露海螯蝦義大利餃
RAVIOLI
DE LANGOUSTINES
AUX TRUFFES

白花椰奶油魚子凍
GELÉE DE CAVIAR
À LA CRÈME
DE CHOU-FLEUR

海螯蝦義麵巾
TURBAN
DE LANGOUSTINES
EN SPAGHETTI

初榨橄欖油
火烤半熟帶皮鮭魚
SAUMON
RÔTI EN PEAU, MI-CUIT, À L'HUILE VIERGE

34

洋蔥培根松露千層塔
TARTE FRIANDE
DE TRUFFES AUX OIGNONS ET AU LARD FUMÉ

38

松露芹菜肥肝焗烤通心粉
GRATIN
DE MACARONIS AUX TRUFFES, AU CÉLERI ET AU FOIE GRAS

42

茄子櫛瓜番茄羊肉餡餅
TOURTIÈRE
D'AGNEAU AUX AUBERGINES, COURGETTES ET TOMATES

46

櫻桃酒沙弗林蛋糕
SAVARIN
AU KIRSCH

50

MORCEAUX CHOISIS 精選報導

— Joël Robuchon 喬埃·侯布雄

- POITOU-CHARENTES -
普瓦圖 - 夏朗德地區

喬埃·侯布雄(Joël Robuchon)
1945 年出生於普瓦提(Poitiers)，
父親為磚石工，母親為女傭。12
歲左右，信仰帶領他走上神職之
路，並促使他進入位於德塞夫勒省
(Deux-Sèvres)莫雷翁 - 蘇爾 - 塞
夫勒(Mauléon-sur-Sèvre)的一家
小修道院。在修士的影響下，於小
修道院的廚房中展現出對料理的熱
情，並在那裡開始擦亮他的陶鍋和
銅製平底深鍋。1960 年，成為普
瓦提驛站(Relais de Poitiers)的廚
房學徒，以三年的時間，習得了所
有的基礎料理技術。

- LE TOUR DE FRANCE -
環法行

21 歲時，他成為環法行隨團廚師的
成員。這項經歷對他即將迎接的職
業生涯而言是雙重的關鍵：他在全
法國的廚師身旁成長，並提升了包
括手藝和體力的完美標準。「作為隨
團廚師成員，我學到了：即使我們
認為已經做好了一件事，但我們總
是可以做得更好，而且沒有比超越
自我，能讓人獲得最大的成就感。」

- PARIS 3 ÉTOILES -
巴黎 3 星

1974 年，也就是 28 歲那年，
他已經在協和拉法葉酒店(hôtel
Concorde-Lafayette)，這家每
日擺上 3000 副餐具的飯店中，率
領擁有 80 名廚師的團隊。1976
年，獲得法國最佳職人(Meilleur

Ouvrier de France)的頭銜，並在
後來的 1991 至 2005 年間，成為
這項競賽的主席。

1981 年 12 月 15 日，喬埃·侯布雄
成功地在巴黎的 16 區開了第一家餐
廳《Jamin 傑明》：3 年內，他連續
獲得米其林指南(Guide Michelin)
的 3 顆星。1993 年底，他關上了
《傑明》的店門，在雷蒙龐加萊大道
(avenue Raymond Poincaré)上
設立了他的新據點—《Restaurant
Joël Robuchon 喬埃·侯布雄餐
廳》。九〇年代為他量身打造了 2
項殊榮：首先是在 1990 年被封為
「世紀名廚 cuisinier du siècle」；
緊接著喬埃·侯布雄餐廳被國際
先驅論壇報(International Herald
Tribune)譽為世界最美味的餐廳。
1996 年 7 月，喬埃·侯布雄在 51
歲時實現他的承諾：退出巴黎的廚
房，投入知識的傳授，而這時正是

他廚藝的巔峰期。才剛退休的喬埃·
侯布雄思索著更簡單且親切的新料
理方式。而他也利用這段時間進行
過去無暇從事的：旅行、觀察，並
從其他的料理中汲取知識。

- PARIS, NOUVEAU CONCEPT -
巴黎，新概念

從 2002 年 9 月開始，喬埃·侯
布雄決定和過去的夥伴以完全創
新的概念合作經營一家餐廳。這
些年輕的廚師—艾瑞克·布許諾
(Eric Bouchenoire)、菲利浦·布
朗(Philippe Braun)、艾瑞克·魯
瑟夫(Eric Lecerf)(廚師)、方索
瓦·貝諾(François Benot)(糕點
師傅)和安東尼·艾儂戴(Antoine
Hernandez)(調酒師)—過去曾
在他的餐廳裡接受訓練，他們鼓勵

Atelier de Joël Robuchon 侯布雄美食坊 - 巴黎

喬埃‧侯布雄重返美食的舞台。喬埃‧侯布雄因而從中發現,將想法應用在新餐飲形式的機會,並讓美饌變得更親切、更容易取得,而最重要的是:更能符合顧客的期待。他仿效日本的壽司吧和西班牙的小酒館,因為他在旅行中發現,在這樣的用餐空間裡總是充滿愉快的氣氛。

喬埃‧侯布雄委託著名的建築師皮耶-依夫‧侯尚(Pierre-Yves Rochon)進行這項計畫。在考量到賓客的舒適度,並設法讓客人感到賓至如歸的前提下,與建築師同心協力,製作出圍繞著開放式廚房的用餐空間。主要由黑色花崗岩、紅色皮革和異國木材所構成的裝潢,刻意打造出樸實而優雅的風格。

經過 6 個月的工程,《Atelier de Joël Robuchon 侯布雄美食坊》在 2003 年 5 月 7 日敞開了大門,同時引起法國和國際媒體熱烈的關注。

《在料理上,
最困難的事情就是簡化。
當東西變得簡單,
為了展現出優良的品質,
製作過程就必須
盡善盡美。》

Atelier de Joël Robuchon 侯布雄美食坊 - 巴黎

這嶄新的概念,喬埃‧侯布雄卸下廚房神聖的外衣,讓廚房成為一個提供賓客觀看食材,並觀賞製作過程樂趣的場所。他喜歡用劇場來比喻他的餐廳,在他餐廳裡的顧客就像是觀眾:「總是有故事在上演,總是有事物值得觀賞」。

美食坊的概念吸引了更廣大,更能代表大眾的新顧客群。同樣在料理上,其運作的方式也與 3 星餐廳不同:為了找回原味,要盡可能選擇更優良的食材,更快速並以更簡單的方式製作:「在料理上,最困難的事情就是簡化。當東西變得簡單,為了展現出優良的品質,製作過程就必須盡善盡美。」在同樣的系統中,《La Table de Joël Robuchon 喬埃‧侯布雄的餐桌》於 2004 年開張。

- MONACO 摩納哥 -

2004 年,喬埃‧侯布雄以進駐摩納哥大都會酒店(hôtel Métropole)的餐廳為眾人帶來了驚喜。他決定接受摩納哥的挑戰,而面對亞朗‧杜卡斯(Alain Ducasse)的地盤和極度挑剔的顧客群,再度以經營現代餐廳的方式,跳脫前人的軌跡。在歡快的環境中,沒有銀製餐具和水晶杯,他在那裡供應著現代料理,而且也和美食坊一樣,採用開放式廚房。

然而喬埃‧侯布雄並不因此而滿足。醉心於日本料理的他,2008 年底在耀西酒店(hôtel Yoshi)開始經營他的第一間日本料理餐廳,提倡—優雅、精準與親和。

élégance,precision et
intimisme
優雅‧精準與親和

MORCEAUX CHOISIS/continued 精選報導（續）
— Joël Robuchon 喬埃·侯布雄

- TOKYO & NAGOYA -
東京 & 名古屋

喬埃·侯布雄選擇在日本開設他法國境外的第一家餐廳。自 1989 年以來，將法式的精緻美饌帶至位於東京市中心的《Château Restaurant 城堡餐廳》。

2003 年，憑藉著城堡餐廳的成功，喬埃·侯布雄決定在東京開第一家美食坊，甚至更早於巴黎。自 2003 年以來，這位大師不斷在日本發展他的事業，2004 年在東京開了《La Table de Joël Robuchon 喬埃·侯布雄的餐桌》、城堡裡第一間餐廳旁邊的《Rouge bar 紅酒吧》和《La Boutique 甜點鋪》，以及《Le Café de Joël Robuchon 侯布雄咖啡館》，接著是名古屋的侯布雄餐桌。

Joël Robuchon a Galera
喬埃·侯布雄加萊拉餐廳 - 澳門

- MACAO 澳門 -

2001 年，喬埃·侯布雄大膽投入他的中國冒險。他在葡京酒店(hôtel Lisboa)裡經營餐廳，而這家酒店的所有人是一名熱愛美酒的中國人，坐擁世上最美麗的酒窖之一。在這樣的環境下，喬埃·侯布雄構思了一間特殊的廚房，混合了古典風格以及受到中國啟發的菜餚。

- LAS VEGAS 拉斯維加斯 -

從 2005 年開始，拉斯維加斯著名的美高梅大酒店(hôtel MGM Grand)讓喬埃·侯布雄有機會實現他的美國夢。酒店提議讓他在這裡開兩家餐廳：一間美食坊和一家高級美饌餐廳(restaurant gastronomique)。

拉斯維加斯美高梅大酒店的經理是細膩的美食家，他授與喬埃·侯布雄充分的權利，打造一間適合擺上 40 人份餐具的頂級餐廳。

La cuisine de Joël Robuchon
喬埃·侯布雄廚房 - 倫敦

- LONDRE 倫敦 -

2006 年在倫敦，喬埃·侯布雄希望強化美食坊的概念，以便更能符合顧客的期待。這時他在科芬園(Covent Garden)中央一棟三層樓高的建築物內開了與美食坊類似的《La cuisine de Joël Robuchon 喬埃·侯布雄廚房》。在他友人建築師皮耶-依夫·侯尚的協助下，想到一種可完全與廚房融合的餐廳，許多角落各自用來供應某種類型的料理(熱食、沙拉、飲料、糕點、窯烤、酒窖等)，而這一切都置身在由黑、白和不鏽金屬的極簡氛圍中。

Restaurant Joël Robuchon
喬埃·侯布雄餐廳 - 東京

- NEW YORK 紐約 -

同一年，喬埃•侯布雄繼續在美國發展，在紐約的四季酒店(hôtel Four Seasons)開了他的美食坊。在和酒店裝飾藝術風格(Art déco)建築一致的裝潢下，供應著簡單的創意料理，例如：著名的肥肝漢堡(hamburger au foie gras)和松露馬鈴薯泥(pomme purée truffée)。

- HONG KONG 香港 -

喬埃•侯布雄再度選擇中國作為他開第六間美食坊的地點，即香港。他為香港居民在這座熙熙攘攘的城市中，打造了真正寧靜但愉悦的避風港，使用的菜單也符合當地的食材和習慣。對他而言，這也強調了當地的經驗技術和食材的重要性：

Atelier de Joël Robuchon
喬埃•侯布雄美食坊 - 香港

- TAIWAN 台灣 -

《當地的食材總是優於進口食材。》在亞洲，喬埃•侯布雄找到了非常有利於發展他料理的環境，因此於2009年10月在台北(台灣)開了他的第七間美食坊。

- UN SAVOIR-FAIRE PARTAGÉ -
經驗技術的分享

在6年內，喬埃•侯布雄已藉由餐廳的經營，將他的料理傳播到世界的各個角落。但他並未因此忘記從事對他而言始終珍貴的事：將他的經驗技術傳授給更多的人。

幸虧有許多能夠讓他發揮才能的場所，不論是在法國或其他地方，喬埃•侯布雄得以培訓出大量的廚師。

> *Joël Robuchon atoujours eu à cœur de partager sa cuisine avec le grand public*
> **喬埃•侯布雄總想著和大眾分享他的料理**

今日與他共事的5位合夥人擁有其他的專業，他們從全世界的料理和食材中獲得靈感，並一起構思餐廳的菜單。對喬埃•侯布雄來說，若傳授經驗技術很重要，那麼保持聆聽和觀察各國廚師不同的料理方式也同等必要。

一邊思索美食坊的概念，喬埃•侯布雄也考慮到廚師的培訓。實際上，他從中發現一種可以讓廚師在得天獨厚的環境下進行訓練養成的方法。在美食坊環境下，可以明顯看到顧客的反應，而工作則在安靜、平和與適當的情況下進行。

出身於貧寒的家庭，喬埃•侯布雄總是一心想和普羅大眾分享他的料理。因此，他自1987年開始便和著名的熟食品牌—福樂利米尚(Fleury Michon)合作，並擔任技術顧問的角色，因而能夠讓更多人享用由他專門設計的菜餚。

喬埃•侯布雄與吉•喬伯(Guy Job)

1996年和2008年間，隨著友人吉•喬伯製作的電視節目《學大廚做菜 Cuisinez comme un grand chef》，以及後來的《絕對好滋味 Bon appétit bien sûr》，喬埃•侯布雄將他的經驗技術奉獻給電視觀眾。原則很簡單：每個禮拜，喬埃•侯布雄會歡迎一位新訪客，而這名訪客會透露他如何簡單料理出美味的祕訣。因此接待了他的同僚，如吉•薩瓦(Guy Savoy)、亞朗•巴沙(Alain Passard)、安 - 索菲•碧公克(Anne-Sophie Pic)、亞朗•杜卡斯(Alain Ducasse)、提希•馬克斯(Thierry Marx)、馬公克•賀伯林(Marc Haeberlin)、馬公克•維哈(Marc Veyrat)等人。這些每週的約會讓喬埃•侯布雄以雙重身分出現在大眾面前，並被吉•喬伯稱為「精準細心的藝術家」。

> **2011年**
> **喬埃•侯布雄是世界上唯一摘下米其林星星總數達28顆的大廚！**

Les RECETTES
食譜

HISTOIRE DES RECETTES — Joël Robuchon
配方的由來—喬埃•侯布雄

MILLE-FEUILLE DE TOMATE au crabe
蟹肉番茄千層派

夏季的愛情果實，誘人、柔軟，而且往往果肉飽滿，我愛番茄。她在我的料理中扮演著重要的角色，因為少有蔬菜適用於如此多種的用法。她清新、微澀、酸酸甜甜的味道，和甲殼類堪稱天作之合。

這道非常清爽、清涼且色澤鮮豔的前菜，是帶著酸甜味的真正傑作，我們同時可嚐到蟹肉、番茄、蘋果、酪梨(avocat)、西洋菜(cresson)而且外觀像是一份蛋糕。不要以為這道配方如同看起來般複雜，它做起來比看起來簡單。唯一真正的訣竅就在於將番茄果肉切成長而寬的帶狀。

PETITE CRÈME
aux oursins et au fenouil
海膽茴香布丁

一道唯有使用優質的食材、精準地烹煮、正確地調和且出色調味，才能發揮美味的菜餚。

我將這道配方獻給碘味的愛好者，以及不怕剝開海膽時被刺到的勇者。不過這一切都值得！此外，這道布丁細緻非凡，八角(anis)、茴香(fenouil)和海膽性腺(gonade de l'oursin)形成相當清爽的組合。

RAVIOLI DE LANGOUSTINES
aux truffes
松露海螯蝦義大利餃

我非常喜歡這道 1981 年 12 月我在巴黎《Jamin 傑明》兼任廚師和餐廳老闆初期的優雅菜色。它散發出海螯蝦和松露的海陸組合香氣。以高湯(court-bouillon)燉煮的義大利餃保留了海螯蝦細緻的味道。值得留意的是，儘管被稱為海螯蝦，但海螯蝦並非小蝦子，它的體型近似龍蝦。

GELÉE DE CAVIAR
à la crème de chou-fleur
白花椰奶油魚子凍

魚子醬是最優雅的食材之一，像珠寶一樣閃閃發光：
它半透明的小卵具有細緻珍珠的外觀。

我喜歡魚子醬強烈的味道、帶有一點苦澀、一點碘味、
淡淡的甜味，當然還有微微的酸味。我和這道食材之
間的愛情故事，起於我將魚子醬複雜的性質與白花椰
奶油的濃滑相結合。這是我的成名作之一，白花椰和
魚子醬的風味再因龍蝦凍變得更具魅力。這道菜的複
雜度則隱藏在外表之下 ...

TURBAN
DE LANGOUSTINES
en spaghetti
海螯蝦義麵巾

若我們太過粗魯，海螯蝦薄而嬌弱的蝦肉很容易
會失去味道，它需要我們全心全意地對待。在家
完成這道菜會具有「餐廳」版的味道、優雅和精
緻。這是道只要一思及所能品嚐到的豐富和純美
滋味，就會讓你興奮得發顫的料理。一旦掌握著
名的襯裡（chemisage）手勢技巧，事實上就會
變得如孩童遊戲般簡單。

HISTOIRE DES RECETTES — Joël Robuchon/suite
配方的由來─喬埃•侯布雄 (續)

SAUMON RÔTI EN PEAU
mi-cuit à l'huile vierge
初榨橄欖油火烤半熟帶皮鮭魚

鮭魚在我們的餐桌上佔據著寶貴的位置。可惜的是，它的無數來源─野生或養殖鮭魚─讓人忘記羅亞爾河(Loire)鮭魚無與倫比的真正美味，像是我在查理•巴希耶(Charles Barrier)的餐廳所嚐到的。和這名熱情偉大廚師的相遇，是我職業生涯中最重要的插曲之一，而這道食譜的調配必須大大歸功於他：一切的重點就在於鮭魚的烹煮，網烤讓魚肉的內部軟化，這種方式可保留優質鮭魚的所有味道。依我所見，鮭魚最好稍微烹煮即可，幾乎是未全熟的狀態，才能保有魚肉的柔嫩。

TARTE FRIANDE DE TRUFFES
aux oignons et au lard fumé
洋蔥培根松露千層塔

對我來說，松露是法國料理中的黑色鑽石，這是一項可百分百等同於法國的食材。這是我料理中最能發揮影響力的成分，也是顧客最讚賞的部分。我喜愛這道獨創配方的質地和味道：一道非常精緻的塔，充滿培根和洋蔥的芳香，然後再疊上松露。優雅的塔是經典的基礎，用來讚頌松露─這道菜的主要成分─具有深度且精緻的風味。

GRATIN DE MACARONIS
aux truffes, au céleri et au foie gras
松露芹菜肥肝焗通心粉

在同一道配方中的松露和肥肝，是法國料理中的兩大著名食材，也是節慶時節不可或缺的。我在 18 歲時發現松露，當時還是個學徒。當我開始體驗松露時，所有人都知道它的芳香，但卻鮮少人了解它的質地。然而，在這充滿驚喜的料理中，重要的其實是它酥脆的口感。

TOURTIÈRE D'AGNEAU
aux aubergines, courgettes et tomates
茄子櫛瓜番茄羊肉餡餅

我喜愛這道在適宜節令製作的食譜，當所有的蔬菜都吸飽了陽光，是最適合品嚐的時候。香料的選擇（小茴香 cumin、咖哩 curry 和新鮮百里香 thym frais），賦予這道菜地中海風情和鮮豔的色彩。作為優雅的正餐，

請以個人大小的小餡餅形式上桌，但若作為較簡便的一餐，請不要猶豫，就用底部可拆卸的大模型進行烘烤。

我和普羅旺斯料理的真正邂逅，就從喬埃·侯布雄餐廳（Restaurant Joël Robuchon）在華麗的摩納哥大都會酒店開張而起。

SAVARIN au kirsch
櫻桃酒沙弗林蛋糕

重拾食材的本質，經常是尋找埋藏在回憶裡味道的同義詞。櫻桃將我帶回到童年，用櫻桃戴在耳朵上裝飾。它們使我想起最早的貪慾，最早的樂趣。誰沒夢想過至少一次成功地完成一道華麗的甜點，讓他的賓客發出狂喜的叫聲？而這就是一道做起來比看起來容易的甜點。這道甜點從味道和顏色來看都是真正的傑作。最後果醬的打光為它添加非常經典的神來之筆。

Mille-feuille
de tomate au crabe
蟹肉番茄千層派

4人份

🍳 1小時　🪑 2小時

INGRÉDIENTS 食材

_ 大番茄 16 顆
_ 每隻 1 公斤的熟法國睡蟹 /
　麵包蟹(crabe tourteau)2 隻
_ 茵陳蒿(又稱龍蒿)(estragon)1 束
_ 咖哩粉(curry)1 刀尖
_ 蛋黃醬(mayonnaise)4 大匙(見 54 頁)
_ 榨汁用檸檬 1 顆
_ 漂亮的萵苣葉(laitue)10 片
_ 西洋菜(cresson)1/2 束
_ 史密斯奶奶蘋果(pomme Granny Smith)1 顆
_ 酪梨(avocat)1 顆
_ 裝飾用葉綠素(chlorophylle)1 刀尖
_ 油醋醬(vinaigrette)150 毫升(見 54 頁)
_ 橄欖油(huile d'olive)100 毫升
_ 雪利酒醋(vinaigre de xérès)100 毫升
_ 研磨罐裝胡椒(Poivre au moulin)
_ 給宏得鹽之花(Fleur de sel de Guérande)
_ 香葉芹嫩葉(pluches de cerfeuil)8 片

COULIS DE TOMATE 番茄庫利：

_ 番茄果肉 200 公克
_ 濃縮番茄糊(concentré de tomate)35 公克
_ 番茄醬(ketchup)50 公克
_ 雪利酒醋(vinaigre de xérès)75 毫升
_ 芹菜鹽(Sel au céleri)
_ 研磨罐裝胡椒(Poivre au moulin)
_ 塔巴斯科辣椒醬(Tabasco®)幾滴
_ 橄欖油 75 毫升

01. 將番茄剝皮。將番茄外面的果肉切成 12×5 公分的帶狀。

02. 將這些帶狀番茄鋪在烤盤上，蓋上另一個烤盤，靜置 2 至 3 小時。

03. 將螃蟹去殼。用叉子將肉撕碎，一邊仔細地去掉所有軟骨。秤 240 公克的蟹肉。

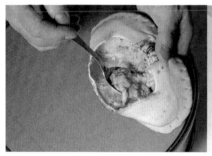

04. 用湯匙收集蟹膏的部分，放入網篩（tamis），用湯匙或木杓將蟹膏壓過網篩。將茵陳蒿切碎。

05. 將蟹肉和咖哩粉、茵陳蒿、3 大匙的蛋黃醬、檸檬汁與蟹膏的部分混合。冷藏保存。

06. 清洗萵苣葉並擦乾。將萵苣葉捲起並用刀切成細絲。

07. 清洗西洋菜並擦乾。去梗。用刀將葉片切成細絲。

08. 將蘋果切成條狀，再切成邊長 5 公釐的丁。將酪梨切成 2 半，去掉果核，同樣將果肉切成邊長 5 公釐的丁。

09. 製作番茄庫利：用電動料理機將番茄果肉打碎，並一一加入濃縮番茄糊、番茄醬、雪利酒醋、芹菜鹽、胡椒、塔巴斯科辣椒醬、橄欖油。

Les SECRETS de Joël 大師的祕訣

輕鬆不費力

為了輕鬆剝下番茄的皮，請在番茄底部的外皮用刀劃個十字，讓番茄浸泡沸水 10 分鐘，接著放入冰水中。這時的番茄皮將可毫不費力地剝除。

不要混合

別將切碎的萵苣和西洋菜混在一起，因為這兩種材料將分開使用。

不要浪費

考慮將不用的大番茄果肉收集起來，用來製作庫利。您將需要 200 公克的無籽果肉。

10. 將上述備料放入精細的漏斗型網篩(chinois)中過濾 2 次,一邊按壓。

11. 將番茄庫利倒入餐盤。混合剩餘的蛋黃醬和葉綠素。在庫利周圍擠出 1 顆顆的綠色小點。

12. 將萵苣和西洋菜分別用些許的油醋醬調味。

13. 混合蘋果丁和酪梨丁。用些許的油醋醬調味。

14. 為帶狀番茄淋上一些橄欖油和醋。加入胡椒和鹽之花。撒上一些萵苣絲 ...

15. ... 鋪上一層調味蟹肉,再擺上一塊帶狀番茄,接著放上西洋菜絲 ...

16. ... 以及蘋果和酪梨的混合丁。再擺上一塊帶狀番茄、萵苣絲、蟹肉和另一塊帶狀番茄。

17. 重覆組裝 3 塊一樣的千層派。切成菱形。用叉子淋上幾滴油和醋。

18. 撒上鹽之花。將千層派擺在餐盤中央,在兩端放上香葉芹嫩葉。即刻上桌享用。

最後加工時刻

只要在上菜前不久將餐盤備妥,組合食材即可。

小號角的運用

將紙捲成圓錐狀,倒入混有葉綠素的蛋黃醬,然後將紙錐頂端切開,以便在番茄庫利周圍擠上綠色小點。

 NOTE DU SOMMELIER
侍酒師建議

教皇新堡白酒(châteauneuf-du-pape blanc)1 杯。

Petite crème
aux oursins et au fenouil

海膽茴香布丁

4 人份

 1小時30分鐘 | 1小時

INGRÉDIENTS 食材

_ 大顆的布列塔尼海膽(oursin breton)8 顆
_ 牛奶 50 毫升
_ 蛋 1 顆
_ 龍蝦卵(corail de homard)5 公克
_ 糖 1 撮
_ 切碎的細香蔥(ciboulette)4 撮

CRÈME DE FENOUIL 茴香奶油湯：

_ 茴香莖薄片(fenouil en bulbe émincé)100 公克
_ 洋蔥薄片 75 公克
_ 奶油 40 公克
_ 細鹽(Sel fin)
_ 魚高湯(fumet de poisson)300 毫升(見 54 頁)
_ 茴香籽(graines de fenouil)1 撮
_ 八角(anis étoilé)1 刀尖
_ 液狀鮮奶油(crème liquide)150 毫升
_ 檸檬汁 2 大匙

BOUILLON DE HOMARD 龍蝦高湯：

_ 壓碎的龍蝦殼(carcasses de homard)250 公克
_ 用來製作香味蔬菜(mirepoix)的洋蔥 50 公克
_ 用來製作香味蔬菜的茴香(fenouil)15 公克
_ 用來製作香味蔬菜的胡蘿蔔 15 公克
_ 橄欖油 50 毫升
_ 細鹽
_ 調味香料束(bouquet garni)1 束(見 54 頁)
_ 去芽磨碎的大蒜 2 瓣
_ 魚高湯 500 毫升(見 54 頁)
_ 濃縮番茄糊 1/2 大匙
_ 粗粒胡椒(poivre mignonnette)1 撮

01. 製作龍蝦高湯：用 2 大匙的油和 1 撮的鹽讓香味蔬菜炒出水。加入調味香料束和大蒜。燉煮 4 分鐘但不要煮至上色。

02. 在一旁用剩餘的油翻炒龍蝦殼至上色。瀝乾後倒在蔬菜上，搖一搖，接著淋上 500 毫升的魚高湯，若沒有魚高湯就加水。

03. 加入濃縮番茄糊和胡椒。煮 30 分鐘。過濾。再將湯汁收乾至剩下 250 毫升。用漏斗型網篩過濾，一邊按壓，將湯汁收乾至一半，接著再度過濾。

04. 用剪刀將海膽剝開。小心翼翼地取出生殖腺（卵）。用吸水紙捲起。過濾海膽汁。

05. 在海膽汁中加入 35 毫升的龍蝦高湯、牛奶、蛋、龍蝦卵和糖。用電動料理機攪打。以紗布過濾 2 至 3 次。

06. 製作茴香奶油湯：將茴香、洋蔥和 20 公克的奶油及鹽以文火煮 15 分鐘至出水。加入魚高湯、茴香籽和八角。

07. 將湯汁收乾一半。加入鮮奶油，煮沸 10 分鐘。將烤箱預熱至 90℃（熱度 3）。用漏斗型網篩過濾。混入剩餘的奶油，一邊攪打。

08. 混入檸檬汁。將海膽汁混合物放入杯中。蓋上鋁箔紙。並用烤箱以 90℃（熱度 3）隔水加熱烘烤 20 分鐘。

09. 當布丁凝固但仍會稍微抖動時，擺上海膽的生殖腺。淋上茴香奶油湯，撒上細香蔥後上桌。

Les SECRETS de Joël 大師的祕訣

撈除浮沫手法

在以龍蝦殼燉煮蔬菜時（以中火進行），經常撈去浮沫，以去除所有雜質。

禁止上色

在步驟 6，請勿讓茴香和洋蔥變成金黃色，並將火力調為小火，讓蔬菜「炒出水分」，即釋放出植物的水分。

NOTE DU SOMMELIER 侍酒師建議

如教皇新堡白酒的佩薩公克 - 雷歐良白酒（pessac-léognan blanc）1 杯。

Ouvrir des oursins

剝開海膽

麻煩卻味美！

將剪刀插入海膽頂端，然後將頂端剪開一圈。用小湯匙小心地將生殖腺（卵）取出。同樣用容器收集海膽汁。這一切都值得：若您的手掌心經不起風險，請戴上手套以免被刺傷。

Ravioli
de langoustines
aux truffes
松露海螯蝦義大利餃

4人份

| 🍳 50分鐘 | ♨ 50分鐘 | 🪑 1小時 |

INGRÉDIENTS 食材

PÂTE 麵團：
_ 低筋麵粉(farine de blé type 45)200 公克
_ 細鹽 3 公克
_ 鴨油(graisse de canard)16 公克
_ 用來揉捏麵團的手粉

GARNITURE 配菜：
_ 生的海螯蝦(langoustines crues)
  20 至 30 隻(約 4 公斤)
_ 研磨罐裝胡椒
_ 切碎的松露 10 公克＋整顆的松露 30 公克
_ 高麗菜葉(feuilles de chou)100 公克
_ 粗鹽
_ 切丁奶油 20 公克
_ 細鹽
_ 橄欖油 1 大匙

BOUILLON DE LÉGUMES 蔬菜高湯：
_ 胡蘿蔔 100 公克
_ 洋蔥 50 公克
_ 西洋芹(céleri branche)100 公克
_ 蘑菇蓋(parures de champignon)100 公克
_ 大蒜 1 瓣
_ 調味香料束(bouquet garni)1 束(見 54 頁)
_ 八角 1 顆
_ 生薑薄片(gingembre frais émincé)10 公克
_ 鹽 10 公克

SAUCE 醬汁：
_ 熟肥肝(foie gras cuit)60 公克
_ 奶油 60 公克
_ 松露汁(jus de truffe)25 毫升

MATÉRIEL 器具：
_ 壓麵機(laminoir)1 台
_ 直徑 6 公分的切割器(emporte-pièce)1 個
_ 直徑 7 公分的切割器 1 個

01. 調配義大利餃子皮麵團：在電動攪拌機中混合麵粉、鹽、鴨油，接著加入 75 毫升的沸水。混合均勻但不要用力揉捏。

02. 在撒有麵粉的桌上將麵團擀平。切成 2 等分。用鋁箔紙包起。冷藏靜置 1 小時。

03. 將海螯蝦去頭去殼。檢查是否已去掉黑腸泥。用布巾將蝦肉擦乾。撒上胡椒，用切碎的松露沾裹包覆。

04. 製作蔬菜高湯：將胡蘿蔔、洋蔥和芹菜切成薄片。和蘑菇蓋、調味香料束和辛香料一起放入平底深鍋中。

05. 倒入 1 公升的水。加鹽。微滾 30 分鐘。離火後靜置 10 分鐘。用漏斗型網篩過濾。將湯汁收乾至獲得 1/2 公升的高湯。

06. 將麵團放入壓麵機中（用來擀壓麵皮的機器），將麵團擀壓成寬 10 公分的極薄帶狀麵皮。

07. 沿著麵皮間隔地擺上海螯蝦，並將剩餘的麵皮疊在上面加以覆蓋。

08. 用 7 公分的切割器裁出餃子的形狀。用手指將麵皮捏緊，接著再用 6 公分的切割器切割。

09. 再將餃子的邊捏緊，並確認是否黏合。將保鮮膜鋪在烤盤上，撒上麵粉，然後擺上捏好的義大利餃。

Les SECRETS de Joël 大師的祕訣

簡易義大利餃

若您沒有時間製作義大利餃的麵皮，您也能在專門店中購買現成的餃皮。

去殼手法

為了將生螯蝦剝殼，請用一把剪刀將甲殼動物腹部下方的殼剪開。

注意，會黏住！

不要把義大利餃擺在沒有保護層（保鮮膜和麵粉）的烤盤或盤子上，因為餃子會黏住，而且在拿起烹煮時會撕破。

10. 將整顆的松露刷洗乾淨，剝開，切成薄片，接著再切成極細的條狀（切絲）。

11. 製作醬汁：用篩子過濾肥肝，然後和奶油混合。將 50 毫升的蔬菜高湯和松露汁煮沸。

12. 將肥肝奶油一點一點地加入高湯中，一邊攪打。確認調味，並用漏斗型網篩過濾。保溫。

13. 配菜的部分，請將高麗菜葉切成 1 公分的條狀。浸入加鹽的沸水中 2 分鐘。將高麗菜絲取出並瀝乾。用奶油和鹽為高麗菜絲調味。

14. 在平底深鍋中，將水和 1 大匙的油煮沸。加鹽。將義大利餃一一放入。

15. 讓義大利餃煮 3 分鐘。瀝乾並將水分稍微吸乾。

16. 在每個盤子上擺上 5 顆義大利餃並排成圓圈。在中央擺上 1 小團的高麗菜絲。

17. 為每個餃子淋上 1 湯匙熱騰騰的肥肝奶油醬汁。

18. 在每顆義大利餃上撒上 1 撮的松露絲。即刻享用。

刮板的妙用

使用被專業人士稱為刮板的器具。過去製成號角（corne）形狀的扁平工具，今日則為塑膠材質，用來將篩子上的肥肝壓碎，並壓入過篩。

恰到好處的烹煮

如同所有新鮮現作的麵食一般，不需要讓義大利餃煮太久。從再度煮沸時，開始計算烹煮的時間，此外也需注意的是，為了能很快地受熱均勻，請使用大量的水。

 NOTE DU SOMMELIER
侍酒師建議

尚路易夏芙酒莊的隱士白酒（L'hermitageblanc de Jean-Louis Chave）。

Gelée de caviar
à la crème de chou-fleur
白花椰奶油魚子凍

4人份

 1小時30分鐘  4小時

INGRÉDIENTS 食材

_ 魚子醬(caviar)80 公克
_ 龍蝦殼(carapaces de homard)500 公克
_ 橄欖油 70 毫升
_ 洋蔥 30 公克
_ 茴香(fenouil)30 公克
_ 西洋芹(céleri branche)20 公克
_ 胡蘿蔔 30 公克
_ 甘蔥(又稱分蔥)(échalote)50 公克
_ 調味香料束(bouquet garni)1 束(見 54 頁)
_ 鹽
_ 粗粒胡椒(poivre mignonnette)
_ 濃縮番茄糊(concentré de tomate)1 大匙
_ 添加葉綠素(chlorophylle)的蛋黃醬(mayonnaise)
  1 大匙(見 54 頁)
_ 香葉芹嫩葉(pluches de cerfeuil)些許

GELÉE DE PIED DE VEAU 小牛腳凍(2 公升):

_ 去骨剖半的小牛腳 2 隻(保留骨頭)
_ 粗鹽 40 公克

CRÈME DE CHOU-FLEUR 白花椰奶油濃湯:

_ 白花椰(chou-fleur)800 公克
_ 家禽高湯(bouillon de volaille)600 毫升(見 55 頁)
_ 咖哩粉 1 撮
_ 玉米粉(Maïzena®)30 公克
_ 蛋黃 1 顆
_ 液狀鮮奶油(crème fleurette)100 毫升
_ 鹽
_ 研磨罐裝胡椒(Poivre au moulin)
_ 高脂濃鮮奶油(crème double)50 毫升

CLARIFICATION 澄清用:

_ 大顆蛋白 1 顆
_ 約略切碎的韭蔥(poireau)1 大匙
_ 約略切碎的胡蘿蔔 1 大匙
_ 約略切碎的西洋芹 1 大匙
_ 敲碎的冰塊(glaçons pilés)2 大方塊
_ 八角粉(badiane)1 刀尖

01. 製作肉凍：在放入 10 公克粗鹽的冷水中將小牛骨頭和肉煮沸，微滾 2 分鐘。用冷水降溫。放入裝有 4 公升水的平底深鍋中。

02. 加入剩餘的粗鹽。以微滾燉煮 3 小時。用漏斗型網篩過濾。將 1/2 的肉切成小丁。量出 1.25 公升的高湯。

03. 製作白花椰奶油濃湯：將家禽高湯連同燙煮過的白花椰一起煮沸。加入咖哩粉。加蓋燉煮 20 分鐘。

04. 將白花椰用漏斗型網篩過濾。將湯汁收乾至剩下 500 毫升。用 4 大匙的冷水調和玉米粉。

05. 將 1 小湯勺的高湯倒入玉米粉中，一邊用攪拌器攪拌。再倒入煮沸的高湯中攪拌 3 分鐘。

06. 混合蛋黃和液狀鮮奶油。將 1 湯勺的高湯緩緩地淋在上面，攪拌，再將所有材料倒入平底深鍋中 ...

07. ... 一邊攪打均勻。在開始沸騰時離火。用電動料理機攪打白花椰。用漏斗型網篩過濾。加入白花椰漿並修正調味。

08. 放至完全冷卻。若有需要的話，請用高脂濃鮮奶油來調整濃稠度。

09. 將龍蝦殼壓碎。用 50 毫升的橄欖油快炒。另取平底深鍋將洋蔥、茴香、西洋芹、胡蘿蔔和甘蔥切丁。

Les SECRETS de Joël 大師的祕訣

自來水的妙用

為了讓汆燙後的小牛腳徹底降溫，請立即將平底深鍋置於冷的水龍頭下方，以自來水沖淋數分鐘。

汆燙白花椰

這道手續的目的是為了消除白花椰的辛辣。因此，請將白花椰浸入加鹽的沸水中。煮沸 2 至 3 分鐘，用流動的冷水降溫後瀝乾再使用。

攪拌器的運用

不論是將玉米粉混入煮沸的高湯，還是蛋黃和鮮奶油的混合物中，請用攪拌器輕輕但持續地攪拌，以免產生結塊或使蛋黃凝固。

10. 將這些蔬菜和調味香料束及 20 毫升的橄欖油放入平底深鍋中，以中火讓蔬菜炒去水分 5 分鐘，但不要加熱至上色。

11. 將上述材料加入龍蝦殼中，並加入鹽和粗粒胡椒。均勻混合，一邊攪拌並加入濃縮番茄糊 ...

12. ... 加入 1.25 公升的小牛腳高湯和肉丁。緩慢地煮沸，一邊撈去浮沫。微滾 20 分鐘，經常地撈去浮沫。

13. 將上述肉凍(gelée)以漏斗型網篩過濾。再度燉煮至剩下 500 毫升的液體。放涼，接著去除浮至表面的油脂。

14. 為了進行將肉凍(gelée)完全澄清化的程序，請在 1 個鋼盆中放入蛋白和 1 大匙的水。將蛋白打散。加入蔬菜碎和碎冰。

15. 將肉凍(gelée)煮沸。將 1 湯勺煮沸的肉凍倒入蛋白等混合物中，一邊攪拌。再全部倒回肉凍中，一邊緩慢地攪拌。

16. 加入八角粉。以極小的火微滾 30 分鐘。用紗布過濾肉凍。放涼。冷藏至凝固。

17. 將肉凍加熱至正好軟化。魚子醬分裝至 4 個湯碗(bol à consommé)中，每碗 20 公克。再分別倒入 100 毫升糖漿狀的肉凍。冷藏至凝固。

18. 將 50 毫升的白花椰奶油濃湯淋在肉凍上。在周圍以綠色(加入葉綠素)的蛋黃醬小點進行裝飾。放上香葉芹嫩葉。

撈除表層 Dépouillez-la！

在將肉凍的湯汁收乾期間，別忘了隨著雜質浮至表面，持續用漏勺(écumoire)「去除表層 dépouiller」的浮沫。

澄清 ... 變得清澈！

在您倒入澄清用食材後，請用極小的火讓肉凍微滾至變得清澈。這時將一塊細紗布(濾布)弄濕，徹底擰乾後鋪在濾器上，再擺在大碗上過濾。

🍷 **NOTE DU SOMMELIER 侍酒師建議**

1996 年—「白酒中的白酒」：布魯諾巴業香檳(champagne Bruno Paillard)1 杯。

Turban
de langoustines
en spaghetti

海螯蝦義麵巾

4人份

 40分鐘 | 15分鐘

INGRÉDIENTS 食材

_ 生的海螯蝦（langoustines）19 隻
_ 長義大利麵（spaghetti long）24 條
_ 粗鹽
_ 橄欖油 50 毫升
_ 細鹽
_ 研磨罐裝胡椒
_ 切碎松露 10 公克＋整顆松露 20 公克
_ 法式鮮奶油（crème fraîche）1 大匙
_ 室溫回軟的奶油（beurre mou）90 公克

SAUCE 醬汁：
_ 洋蔥 30 公克
_ 西洋芹（céleri branche）20 公克
_ 甘蔥（又稱分蔥）20 公克
_ 茴香 40 公克
_ 橄欖油 100 毫升
_ 細鹽
_ 調味香料束（bouquet garni）1 束
_ 鮮奶油（crème）200 毫升
_ 粗粒胡椒 1 撮
_ 奶油 30 公克
_ 檸檬 1/2 顆

MATÉRIEL 器具：
_ 直徑 8 公分的沙弗林（savarin）模 4 個
_ 直徑 8 公分的圓形烤盤紙 4 張

01. 在加入鹽和油的沸水中煮義大利麵 5 分鐘。離火後讓麵膨脹 1 分鐘。撈起冰鎮並瀝乾。

02. 將海螯蝦去殼。將兩端整平。頭和蝦鉗另外保存備用。

03. 將蝦腹稍微割開，以免收縮。將 16 隻擺在烤盤上，調味並撒上切碎的松露。

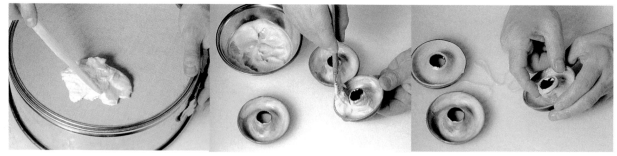

04. 用電動料理機攪打 3 隻海螯蝦和（切下或掉落的）碎末。調味並逐漸混入法式鮮奶油。以細網目的網篩過濾海螯蝦慕斯。

05. 用毛刷為沙弗林模塗上大量室溫回軟的奶油。

06. 將義大利麵以襯裡（chemisage）的方式繞鋪在模型內壁。冷藏並讓奶油（代替膠水）硬化 15 至 30 分鐘。

07. 用毛刷為充分冷卻的義大利麵塗上薄薄一層海螯蝦慕斯。

08. 將海螯蝦擺入模型中。

09. 蓋上塗有奶油的烤盤紙。

Les SECRETS de Joël 大師的祕訣

完美的義大利麵

義大利麵一瀝乾，就蓋上保鮮膜，以免乾燥。特別注意不要上油，因為這樣會無法成功組裝義大利麵巾。

慷慨大量

不要猶豫，請慷慨地塗上大量的奶油，一方面是為了將義大利麵牢牢固定，另一方面則是為了在烘烤後能輕鬆脫模。

10. 製作醬汁：將洋蔥、西洋芹、甘蔥和茴香切成薄片。

11. 用 2 大匙的油，炒蔬菜至出水 3 分鐘。加鹽。加入調味香料束。在一旁用剩餘的油炒香海螯蝦的頭和蝦鉗。

12. 將炒香的蝦頭和蝦鉗加入蔬菜中，倒入鮮奶油，加鹽並撒上粗粒胡椒。以文火燉煮 15 分鐘後離火。

13. 靜置 10 分鐘。用漏斗型網篩過濾。將湯汁收乾至形成黏稠的濃稠度。加入奶油和幾滴檸檬汁用電動料理機攪打均勻。

14. 將沙弗林模擺入蒸鍋（cuit-vapeur）的氣孔蒸盤上。加蓋。蒸 4 分鐘。

15. 將紙取下，在餐盤上為每個麵巾脫模

 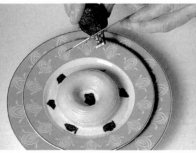 

16. 在周圍淋上 1 大匙的濃稠的醬汁。

17. 將整顆松露刨成薄片，並用松露片來點綴每個義麵巾。

18. 即刻上桌享用。

CONTRÔLE DU CHEF 廚師的掌控

在混入奶油和檸檬汁後，別忘了檢查醬汁的調味，並視濃稠度與口味進行調整。

 ### NOTE DU SOMMELIER 侍酒師建議

阿爾薩斯（Alsace）的麗絲玲（riesling）1 杯或貝雷（Bellet）（和尼斯同緯度酒產地）的白酒 1 杯。

Saumon rôti en peau, mi-cuit, à l'huile vierge

初榨橄欖油火烤半熟帶皮鮭魚

4人份

 35分鐘 | 15分鐘 |

INGRÉDIENTS 食材

_ 從 8 公斤鮭魚最厚部位取下帶皮的 1 公斤鮭魚腓力 1 塊
_ 槍烏賊(chipiron)（小尾的小卷）250 公克
_ 鹽
_ 研磨罐裝胡椒
_ 初榨橄欖油(huile d'olive vierge)7 大匙
_ 去皮番茄丁 30 公克
_ 尼斯橄欖丁(dés d'olive niçoises)30 公克
_ 羅勒(basilic)5 公克
_ 給宏得的鹽(sel de Guérande)4 公克

APPAREIL À TAPENADE 橄欖糊：

_ 羅勒葉 8 公克
_ 茵陳蒿（又稱龍蒿）葉(feuilles d'estragon)3 公克
_ 蒔蘿葉(pluches d'aneth)3 公克
_ 黑橄欖醬(tapenade noire)25 公克(見 54 頁)
_ 研磨罐裝胡椒 1/2 公克
_ 初榨橄欖油 25 毫升

SALADE 沙拉：

_ 蒔蘿葉 6 公克
_ 牛至(marjolaine)葉 2 公克
_ 羅勒葉 2 公克
_ 茵陳蒿（又稱龍蒿）葉 3 公克
_ 香葉芹嫩葉(pluches de cerfeuil)8 公克
_ 芹菜葉 1 公克
_ 平葉巴西利葉(pluches de persil plat)2 公克
_ 油醋醬(vinaigrette)20 毫升(見 54 頁)

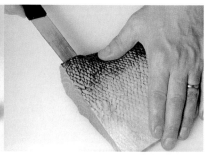

01. 將槍烏賊的頭和身體分開。去掉頭部的嘴。沖洗頭部並擦乾。將身體保存作其他菜餚之用。

02. 製作橄欖糊：清洗香草葉並擦乾。切成細碎。加入黑橄欖醬、胡椒和橄欖油。冷藏保存。

03. 將烤箱預熱 200℃（熱度 7）。將薄的長刀塞至鮭魚腓力的皮下，在側邊劃出 4 個切口（各約 2 公分）。

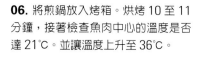

04. 將橄欖糊填入擠花袋中，擠進每個切口，並用手指在皮的上方推動以助裝填。

05. 鮭魚兩面都撒上鹽和胡椒。在不沾平底煎鍋中加熱 2 大匙的油。讓魚肉上色 1 至 2 分鐘，接著讓魚皮的那一面上色 1 至 2 分鐘。

06. 將煎鍋放入烤箱。烘烤 10 至 11 分鐘，接著檢查魚肉中心的溫度是否達 21℃。並讓溫度上升至 36℃。

07. 用 2 大匙的橄欖油炒槍烏賊的頭。炒至酥脆時將烏賊頭瀝乾。撒上鹽和胡椒。將羅勒切成細絲。

08. 加熱 3 大匙的橄欖油與番茄丁、橄欖丁和羅勒絲拌勻。用油醋為菜葉沙拉調味。將鮭魚切成四等份。

09. 將沙拉和槍烏賊排好。擺上鮭魚。撒上給宏得的鹽和少許胡椒。再放上一些番茄橄欖丁的配菜。

Les SECRETS de Joël 大師的祕訣

鮭魚的清洗

檢查鮭魚的鱗片是否已刮乾淨。用夾子將可能會有的魚刺剔除。

適當工具

理想上是用一把刀身薄而長的「扁平片魚 filets de sole」刀來製作鮭魚內的「袋狀空間」。把用來將橄欖糊擠入魚皮下，直徑約 5 公釐的平口擠花嘴固定。準備一個握柄可拆卸的大型平底煎鍋，以便放入烤箱烘烤。

🍷 NOTE DU SOMMELIER
侍酒師建議

梅索白酒（meursault）或夏山蒙哈榭（chassagne-montrachet）1 杯。

Préparer les chipirons
槍烏賊的準備

SANS LE BEC 剔除烏賊嘴

為將槍烏賊（巴斯克地區 Pays basque 將小管稱為「槍烏賊」）的頭和身體分開，請用左手抓住槍烏賊，並用另一隻手慢慢將頭拉出。用橄欖叉（pique-olive）或竹籤（bâtonnet de bois）剔除烏賊嘴。將身體軟骨取出並儘早使用在其他菜餚中。

Tarte friande
de truffes aux oignons et au lard fumé

洋蔥培根松露千層塔

4人份

🍳 30分鐘 | ♨ 15分鐘

INGRÉDIENTS 食材
_ 整顆漂亮的黑松露 4 顆
_ 大蒜 2 瓣
_ 潔白的鵝油(graisse d'oie bien blanche)80 公克
_ 薄酥皮(pâte filo)3 片
_ 無鹽奶油 50 公克
_ 鈴鐺洋蔥(oignons grelots)或嫩洋蔥(oignons nouveaux)
  400 公克
_ 煙燻培根(poitrine fumé)70 公克
_ 鹽
_ 研磨罐裝胡椒
_ 法式鮮奶油(crème fraîche)1 大匙
_ 陳年的馬德拉酒(vieux madère)10 毫升
_ 鹽之花

MATÉRIEL 器具：
_ 直徑 3 公分的切割器(壓模)1 個
_ 直徑 13 公分的圓形烤盤紙 16 張
_ 直徑 14 公分的不鏽鋼圓形烤盤 12 個

01. 將松露擦刷乾淨。去掉雜質。切成厚 1 公釐的薄片 84 片。疊在盤子上。

02. 以直徑 3 公分的壓模重新裁切。將（切下的）松露切成細末。將 1 瓣大蒜剝皮並切成 2 半。

03. 為 8 張烤盤紙擦上切好的大蒜。為烤盤紙以及松露片的兩面塗上些許鵝油。

04. 將 1 張圓形烤盤紙擺在 1 個不鏽鋼烤盤上，並用 21 片松露片排成漂亮的圓花飾。

05. 另外 3 個烤盤也重複同樣的步驟。為每個烤盤覆蓋上烤盤紙並壓上另一個烤盤。冷藏保存至少 3 小時。

06. 將烤箱預熱 200°C（熱度 7）。在工作檯上鋪上 1 張薄酥皮，然後塗上薄薄一層奶油。

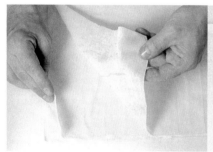

07. 蓋上第 2 張薄酥皮並塗上奶油。再放上第 3 張薄酥皮。

08. 用壓模或以烤盤和小刀（couteau d'office）將薄酥皮裁成 4 個直徑 13 公分的圓片。

09. 將圓形酥皮擺在鋪有圓形烤盤紙的大烤盤上。再覆蓋上 1 張圓形烤盤紙和另一個烤盤。

Les SECRETS de Joël 大師的祕訣

漂亮圓花飾

將 1 片松露片擺在中央。以順時針方向在周圍擺上 7 片松露，略略交疊，形成環狀，接著在旁邊以相反方向用 13 片松露排成環狀。

即刻乾燥

注意，薄酥皮遇空氣會迅速乾燥。因此，請務必在使用時才將每片薄酥皮打開。不用時請將薄酥皮仔細包好，然後保存在冰箱的蔬果室（bac à légumes）中。

10. 放入烤箱烘烤 8 至 10 分鐘。當薄酥皮烤成金黃色時,從烤箱中取出。取下烤盤和烤盤紙。

11. 將嫩洋蔥剝除外皮,切成薄片,和 1 瓣切碎的大蒜一起用剩餘的鵝油浸煮,但不要上色。

12. 將煙燻培根切碎並加進洋蔥裡。

13. 撒上鹽和胡椒。以文火煮 10 分鐘。加入松露碎末,接著是鮮奶油。2 分鐘後,倒入馬德拉酒。保溫。

14. 在圓形餅皮上鋪上炒好的嫩洋蔥和煙燻培根。將松露餅從冰箱中取出。小心翼翼地取下烤盤 …

15. … 和烤盤紙。將撕下烤盤紙的那一面倒扣在餅皮上,保留另一面的烤盤紙和烤盤。放入烤箱烘烤數秒。

16. 將烤盤和烤盤紙取下,接著為每個松露塔撒上些許鹽之花。

17. 將松露千層塔放至溫熱的餐盤上,並用胡椒研磨罐撒上約轉一圈份量的胡椒。

18. 即刻享用。

同時進行

在烘烤薄酥皮的同時,用油浸煮洋蔥。為了避免遺忘烘烤的酥皮,可設定計時器(compte-minutes)。

美味的香氣

在您加入切碎的松露碎末時,請用極小的火加熱,以便在加入鮮奶油之前提取出松露的香氣。在加入馬德拉酒後確認調味。

🍷 **NOTE DU SOMMELIER**
侍酒師建議

如巴塔蒙哈榭(bâtard-montrachet)或科通查理曼(corton-charlemagne)的勃艮第(Bourgogne)白酒 1 杯。

Gratin de macaronis aux truffes, au céleri et au foie gras

松露芹菜肥肝焗烤通心粉

4人份

 50分鐘 ⏣ 40分鐘

INGRÉDIENTS 食材

- 長條型通心粉(macaronis longs)24 條
- 牛奶 250 毫升
- 花生油(huile d'arachide)1 大匙
- 大蒜 3 瓣，對切並去芽
- 粗鹽
- 軟化奶油(beurre pommade)200 公克
- 瑞士格律耶爾乳酪絲(gruyère râpé)100 公克
- 細鹽
- 研磨罐裝胡椒
- 塊根芹菜(céleri-rave)80 公克
- 巴黎火腿(jambon de Paris)80 公克
- 切碎的松露 40 公克
- 松露 160 公克，切成 3 公釐薄片
- 馬德拉酒(madère)40 毫升
- 家禽高湯(bouillon de volaille)40 毫升(見 55 頁)
- 液狀鮮奶油(crème fleurette)200 毫升
- 生的肥鴨肝(foie gras de canard cru)160 公克
- 家禽醬汁(jus de volaille)100 毫升(見 55 頁)

MATÉRIEL 器具：

- 直徑 13 公分的圓形烤盤紙 8 張
- 直徑 14 至 15 公分的不鏽鋼烤盤 8 個
- 直徑 11 公分的切割器(壓模)1 個
- 直徑 11 公分、高 3.5 公分的圓形中空模(cercle)1 個

01. 將深鍋裝滿水和牛奶、花生油、大蒜及粗鹽煮沸。放入通心粉，燉煮 10 分鐘。離火後讓通心粉膨脹 2 分鐘。撈起瀝乾，放涼降溫。

02. 為圓形的烤盤紙塗上奶油。擺在烤盤上。在每個烤盤上緊密地排上 6 條通心粉。

03. 用壓模切割通心粉。塗上奶油並撒上 60 公克的瑞士格律耶爾乳酪絲。撒上鹽和胡椒。共 8 份。

04. 為圓形中空模的整個內壁塗上奶油。擺在 4 個圓形的通心粉上。將 8 個烤盤置於陰涼處，讓塗上的奶油硬化。（編註：室溫過高時請冷藏）

05. 將塊根芹菜切成邊長 2 公釐的丁。浸入沸水中 2 分鐘，瀝乾後以冷水降溫。將火腿切成邊長 2 公釐的丁。

06. 在煎炒鍋（sauteuse）中將 1 大匙奶油煮至起泡。加入塊根芹菜丁、火腿丁，接著是切碎的松露，混合並加以調味。

07. 在另一個煎炒鍋中，將 1 大匙的奶油煮至起泡，並加入松露薄片。加蓋。

08. 以文火燉煮松露片 2 至 3 分鐘，不時攪拌。倒入馬德拉酒。

09. 續以文火燉煮 2 至 3 分鐘。加入家禽高湯和液狀鮮奶油。加蓋燉煮 4 分鐘。

Les SECRETS de Joël 大師的祕訣

蔬果刨片器（mandoline）的運用

為了獲得厚度符合需求且規則的松露薄片，蔬果刨片器會是您的最佳選擇。這是一種刀身非常鋒利，專業人士經常使用的工具。若您缺乏經驗，請小心別受傷。

合理的謹慎

保留約 6 大匙的燉煮松露薄片醬汁，以免松露片乾燥。請在烘烤前淋在焗烤通心粉上。

10. 在塊根芹菜丁及火腿丁上方過濾松露薄片。將這燉過松露的湯汁收乾至醬汁包覆所有的火腿丁和塊根芹菜丁。調味。

11. 將肥肝切成邊長 3 公釐的丁，混入上述燉煮中，一邊用木杓攪拌，以免整個黏在一起。

12. 將烤箱預熱 150℃（熱度 5）。將通心粉從冰箱中取出。將燉煮好的肥肝塊根芹菜與火腿丁鋪在模型內。

13. 將之前濾出燉煮好的松露片瀝乾。規則地排在燉菜上。

14. 將另外 4 盤沒有金屬中空模的通心粉倒扣在松露片上，鋪有乳酪絲的一面朝向松露片。

15. 將覆蓋中空模的烤盤取下。接著用一隻手固定通心粉，再用另一隻手將烤盤紙取下。

16. 撒上剩餘的乳酪絲。淋上幾大匙的松露醬汁。覆蓋上金屬烤盤。烘烤 15 分鐘。

17. 取下覆蓋的烤盤。再度放入溫熱的烤箱中，將乳酪絲烤至金黃色。稍微按壓，將油脂瀝乾。放至餐盤上。

18. 將家禽醬汁加熱。在焗烤通心粉周圍淋上幾匙湯汁。取下中空模。趁熱享用。

預防為上策

若中空模太滿，導致金屬烤盤觸碰到乳酪絲，最好先稍微塗上奶油，以免取下時瓦解。

足夠熱度

當您在第一次烘烤後將焗烤通心粉從烤箱中取出時，請考慮將烤箱的溫度調至最高，以便將焗烤通心粉烤成金黃色，或是若您有另一個烤箱的話，可預先用另一個烤箱加熱。

NOTE DU SOMMELIER
侍酒師建議

頂級波美侯（grand pomerol）1 杯。

Tourtière d'agneau aux aubergines, courgettes et tomates

茄子櫛瓜番茄羊肉餡餅

4 人份

⏲ 50分鐘 | ♨ 45分鐘 |

INGRÉDIENTS 食材

FARCE 碎肉醬：

- 剔除筋骨、神經並去除肥肉的小羊肩肉
  （épaule d'agneau）300 公克
- 潔白的小羊脂肪（gras d'agneau）75 公克
- 櫛瓜（courgette）50 公克
- 茄子（aubergine）50 公克
- 洋蔥 60 公克
- 橄欖油 150 毫升
- 細鹽
- 研磨罐裝胡椒
- 小羊醬汁（jus d'agneau）2 大匙（見 55 頁）
- 咖哩粉 1 刀尖
- 小茴香粉（cumin moulu）1 撮
- 平葉巴西利（persil plat）切碎 15 公克
- 新鮮百里香 1 撮

POUR LA PRÉRIEL 組合成型：

- 小番茄 12 顆
- 中型櫛瓜 8 個
- 茄子 4 條
- 粗鹽
- 軟化奶油（beurre pommade）40 公克

- 新鮮百里香
- 土司（mie de pain）20 公克
- 切碎的平葉巴西利 1 大匙
- 去皮並壓碎的大蒜 1 瓣
- 小羊醬汁 100 毫升（見 55 頁）

CONCASSÉE DE TOMATE 番茄糊：

- 切丁番茄 300 公克
- 切碎的洋蔥 50 公克
- 橄欖油 50 毫升
- 大蒜 2 瓣
- 調味香料束（bouquet garni）1 束
- 切成小丁的紅椒（poivron rouge）100 公克
- 細鹽
- 研磨罐裝胡椒
- 切碎的羅勒（basilic）20 公克

MATÉRIEL 器具：

- 直徑 10 公分的金屬圓形中空模 4 個
- 直徑 13 公分的金屬烤盤 4 個
- 直徑 2.5 公分的切割器（壓模）1 個

01. 為了組合成型，請將番茄去皮，外側的果肉切成四等份，再用直徑 2.5 公分的壓模切成 60 片圓片。將 2 個櫛瓜切成 1 公釐厚的圓形薄片。

02. 將茄子和 6 個櫛瓜的皮裁成 8 公分×2.5 公分的條狀。將皮浸泡在加鹽的沸水中 2 分鐘。以冷水降溫並瀝乾。

03. 為 4 個金屬中空模塗上奶油，擺在鋪有烤盤紙的烤盤上。相間地擺上 12 片櫛瓜條和 12 片茄子條 ...

04. ... 並將 1 至 2 公分貼在底部。冷藏。為了製作番茄糊：請用油煮洋蔥碎 4 分鐘至透明。加入大蒜、調味香料束 ...

05. ... 番茄、紅椒。調味。以文火燉煮至水分蒸發。將大蒜和調味香料束取出。加入羅勒。預留備用。

06. 製作碎肉醬：將小羊肉和脂肪切成小丁。將櫛瓜和茄子連皮切成邊長 5 公釐的丁。將洋蔥切碎。

07. 分別用 1 大匙的油煎炒櫛瓜和茄子丁 5 分鐘。調味。瀝乾。用 1 大匙的油和鹽 ...

08. ... 讓洋蔥碎炒去部分水分 3 分鐘。混合小羊肉、脂肪、櫛瓜、茄子、洋蔥、2 大匙的小羊醬汁、咖哩粉和小茴香粉。

09. 加入切碎的平葉巴西利和百里香。撒上鹽和胡椒。用木杓將所有材料攪拌均勻。

Les SECRETS de Joël 大師的祕訣

光溜溜

為了組合成型，請預先將番茄剝皮，再用直徑 2.5 公分的壓模裁成圓形。

不要浪費

別將蔬菜切下的皮或剩下的內部丟棄。您可以切丁，煎炒或混入其他的蔬菜中。

10. 將混合物放入中空模,將底部壓實,不要留下空隙。將烤箱預熱190℃(熱度6-7)。

11. 將櫛瓜和茄子條的頂端壓在碎肉醬上。

12. 鋪上番茄糊。輕輕按壓。

13. 將圓形的番茄和櫛瓜薄片排成圓花飾(10 + 10),接著以反方向排出另一個更小的圓花飾(6 + 6)。

14. 最後擺上圓形番茄薄片收尾。輕輕按壓。撒上鹽和胡椒,並撒上百里香。淋上幾滴橄欖油。

15. 製作巴西利調味料(persillade):將土司、巴西利和壓碎的大蒜瓣攪打成均勻粉末。

16. 用角板(corne)將巴西利調味料壓過篩子。

17. 將巴西利調味料撒在餡餅上。放進烤箱烘烤約30分鐘。表面應烤成漂亮的金黃色。

18. 將餡餅模傾斜以去除油脂。從烤盤上滑移至餐盤上。取下中空模。在四盤餡餅周圍淋上100毫升熱騰騰的小羊醬汁。

先加熱!
上菜前,別忘了用小火加熱小羊醬汁數分鐘。餐盤也同樣要加熱。

 NOTE DU SOMMELIER 侍酒師建議
歌海娜品種(grenache dominant)的紅酒1杯,像是:佛傑(faugère)、吉貢達(gigonda);或教皇新堡(châteauneuf-du-pape),例如海雅斯堡(Château-Rayas)。

Savarin au kirsch

櫻桃酒沙弗林蛋糕

4人份

50分鐘 | 20分鐘 | ❄ 約1小時

INGRÉDIENTS 食材

- 櫻桃 500 公克
- 榨汁用檸檬 1/2 顆
- 糖 20 公克
- 玉米粉（fécule）1 小匙
- 優格（yaourt）2 大匙

SIROP 糖漿：

- 未經加工處理的檸檬 1 顆
- 未經加工處理的柳橙 1 顆
- 糖 150 公克
- 香草莢（gousse de vanille）1 根
- 香茅（citronnelle）1 根
- 肉桂 1 根
- 八角茴香（étoile de badiane）1 個
- 新鮮鳳梨汁 150 毫升

GLACE AU KIRSCH 櫻桃酒冰淇淋：

- 牛奶 250 毫升
- 葡萄糖（又稱水麥芽 glucose）20 公克
- 糖 80 公克
- 蛋黃 3 顆
- 鮮奶油 125 毫升
- 櫻桃酒（kirsch）2 大匙

SAVARIN 沙弗林蛋糕：

- 新鮮酵母（levure fraîche de boulanger）4 公克
- 微溫牛奶 40 公克
- 麵粉 95 公克
- 蛋 1 顆
- 糖 1 小匙
- 細鹽 1 撮
- 焦化奶油（beurre noisette）25 公克
- 酒漬櫻桃（griotte à l'alcool）30 公克
- 融化的奶油少許
- 杏桃果醬（confiture d'abricot）50 公克

MATÉRIEL 器具：

- 小沙弗林模 4 個

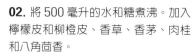

01. 製作糖漿：清洗檸檬和柳橙並擦乾。用削皮刀（couteau économe）取下這些水果的果皮，但請不要使用白色的中果皮。

02. 將 500 毫升的水和糖煮沸。加入檸檬皮和柳橙皮、香草、香茅、肉桂和八角茴香。

03. 加蓋並浸煮 30 分鐘後離火。加入新鮮鳳梨汁。

04. 混合。用漏斗型網篩過濾平底深鍋中的內容物，將植物性香料移除。

05. 為製作冰淇淋，請將牛奶、葡萄糖和 40 公克的糖煮沸。用剩餘的糖攪打蛋黃。加入熱牛奶，一邊攪拌。

06. 一邊攪拌，煮至奶油醬在木杓上可「薄薄地覆蓋 à la nappe」一層，以手指劃過留下清楚的痕跡。離火後混入鮮奶油。放涼。加入櫻桃酒。讓奶油醬凝固成冰淇淋（用雪酪機或冰淇淋機）。

07. 清洗櫻桃，將水分擦乾並去核。預留 10 顆。其餘和 1/2 杯的水和檸檬汁一起放入平底深鍋中。

08. 加糖。加蓋並以中火燉煮 10 分鐘，微滾。將烤箱預熱 180℃（熱度 6）。

09. 用濾器將櫻桃的水分瀝乾。取 300 毫升的櫻桃汁。用一些冷水來攪拌溶解玉米粉。

Les SECRETS de Joël 大師的祕訣

薄薄地覆蓋表面（À LA NAPPE）

奶油醬不應煮沸（既無麵粉也無玉米粉來穩定蛋）。在整個烹煮期間一直攪拌至奶油醬附著於木杓上：當您用手指劃過木杓，若痕跡還在，就是成功了！

沒有意外

在讓奶油醬凝固成冰淇淋之前，請用漏斗型網篩或精細的濾器過濾，去除任何可能會凝結的蛋黃塊。

凝結成 ... 冰淇淋

依您所使用的器具來凝結冰淇淋—可能需要約 30 分鐘至 2 小時。務必遵循製造廠商的建議。

10. 將溶解的玉米粉倒入櫻桃汁中。煮至剛好沸騰。放涼。用精細的漏斗型網篩過濾。冷藏保存完成的櫻桃庫利。

11. 製作沙弗林蛋糕：用牛奶調和新鮮酵母。混合麵粉、蛋、糖和鹽。倒入牛奶。用力攪拌 2 至 3 分鐘。

12. 加入焦化奶油，再攪拌 2 分鐘。混入 30 公克小塊的酒漬櫻桃。

13. 為沙弗林模塗上奶油。將麵糊倒入模型裡，不要填滿。讓麵糊膨脹約 1 小時。

14. 將模型放入烤箱，烘烤約 8 分鐘。出爐後脫模。

15. 將糖漿加熱至微溫。將沙弗林蛋糕浸入，直到如海綿般吸滿了糖漿。用漏勺取出。

16. 在餐盤上淋上 1 層櫻桃庫利。滴上點狀的優格，並用竹籤在每個點之間畫出一條線。

17. 將杏桃果醬加熱至融化。用毛刷塗在沙弗林蛋糕表面，用以增添光澤。擺在餐盤上。將預留的櫻桃切半。

18. 用一些櫻桃庫利將切半櫻桃加熱至微溫。每個餐盤擺上 5 個切半櫻桃。用裝有星形擠花嘴的擠花袋在沙弗林的凹洞中擠出冰淇淋。

焦化與冷卻

焦化奶油（以文火融化，直到形成 ... 榛果色澤的奶油），必須在冷卻後再混入麵糊中。

不要溢出

不要將模型完全填滿，以免麵糊膨脹至超出邊緣。置於室溫下，讓酵母可以發揮效用。所需時間依溫度而定，溫度不能太低也不能太高。

NOTE DU SOMMELIER
侍酒師建議

莫利（maury）或班努斯（banyuls）1 杯。

RECETTES de BASE
基礎食譜

蛋黃醬
MAYONNAISE

_ 蛋黃 1 顆
_ 黃芥末(moutarde)醬 1 小匙
_ 鹽 1 撮
_ 白胡椒(poivre blanc)1 撮
_ 醋幾滴
_ 葡萄籽油(huile de pépins de raisin)250 毫升

在沙拉盆(saladier)中放入蛋黃、芥末、鹽、胡椒和醋。用電動料理機攪打,若沒有電動料理機,亦可用打蛋器(fouet manuel)攪打,並將攪拌器稍微斜放,以利乳化。先加入一半的油,起先 1 滴 1 滴地倒,接著再以細線狀少量地倒入。持續攪打,當蛋黃醬開始凝固時,以細線狀加入剩餘一半的油,不停攪打。

油醋醬
VINAIGRETTE

_ 酒醋(vinaigre de vin)1 大匙
_ 鹽 1 撮
_ 白胡椒
_ 花生油(huile d'arachide)或橄欖油(huile d'olive)3 大匙

用叉子攪打醋和鹽。用胡椒研磨罐撒上 2 圈的胡椒,加入油,接著再次攪打。

調味香料束
BOUQUET garni

_ 韭蔥綠(vert de poireau)幾片
_ 月桂葉(laurier)1 片
_ 百里香(thym)幾根
_ 平葉巴西里的梗(queues de persil)幾根

在 1 片韭蔥綠上擺入月桂葉、百里香和平葉巴西里的梗。蓋上剩餘的韭蔥綠,接著用料理繩(ficelle de cuisine)將調味香料整個捆成 1 束。

黑橄欖醬
TAPENADE noire

_ 去核黑橄欖 200 公克
_ 大蒜 1 瓣
_ 去鹽鯷魚片(filets d'anchois dessalé)10 片
_ 酸豆(câpre)1 大匙
_ 橄欖油 3 大匙

將大蒜剝皮,切成 2 半後去芽。和橄欖、鯷魚、酸豆,以及橄欖油一起用電動料理機攪拌。搭配切片並烤過的棍子麵包(baguette)享用。
為保存橄欖醬,請在罐中橄欖醬上加入些許橄欖油,以形成一層保護層。

魚高湯
FUMET de poisson

_ 魚骨和魚頭(arêtes et de têtes de poisson)(最好是鰨魚 sole 或大菱鮃 turbot)1 公斤
_ 洋蔥 1 顆
_ 甘蔥(又稱分蔥)(échalote)1 顆
_ 蘑菇(champignons)100 公克
_ 奶油 30 公克
_ 不甜白酒(vin blanc sec)100 毫升
_ 調味香料束(bouquet garni)1 束(見前述)

請您的魚販幫您準備魚骨和魚頭。將洋蔥和甘蔥去皮,和蘑菇一起切成薄片。在平底深鍋中,以文火將奶油融化。放入洋蔥、甘蔥和蘑菇。炒 3 分鐘但不要上色。加入已瀝乾水分的魚骨和魚頭,接著再油煎 3 至 4 分鐘。倒入白酒和 1.5 公升的冷水,並加入調味香料束。上述液體一旦開始再度微滾,最多再續煮 20 分鐘,並經常撈去浮沫。請密切注意,因為液體不應超越微滾階段。放涼 30 分鐘,讓雜質沉在鍋底。以鋪有吸水濾紙的精細濾器來過濾高湯。

家禽高湯
BOUILLON
de volaille

_ 修切下的家禽骨與肉 1 公斤
_ 鹽 1 小匙
_ 胡蘿蔔 1 根
_ 嵌入 1 顆丁香的洋蔥 1 顆
_ 中型韭蔥(poireau moyen)1 根
_ 西洋芹菜(céleri)1 枝
_ 大蒜 1 瓣
_ 調味香料束(bouquet garni)
  1 束(見前頁)

燙煮家禽骨與肉。倒入大的平底深鍋中，以水覆蓋並加以煮沸。將骨頭和肉取出，用冷水清洗。

放入平底深鍋中，加入 2 公升的水和鹽 1 小匙。煮沸並撈去浮沫。將所有蔬菜去皮切成大塊放入，並加入調味香料束。以文火燉煮 2 小時。用鋪有吸水濾紙的濾器過濾。

這顏色清澈的家禽高湯適用於您各種的醬汁(sauces)、奶油醬(crèmes)、天鵝絨醬汁(velouté)等等。請以冷藏或冷凍保存。

家禽醬汁
JUS de volaille

_ 修切下的家禽雜碎(abattis de
  volaille)1 公斤
_ 胡蘿蔔 1/2 根
_ 洋蔥 1/2 顆
_ 調味香料束(bouquet garni)
  1 束(見前頁)
_ 未去皮的大蒜 2 瓣
_ 巴黎蘑菇柄(Épluchures de
  champignons de Paris)(隨意)
_ 油 50 毫升
_ 鹽 1 撮
_ 粗粒胡椒 1 撮

將雜碎切成小碎塊。將胡蘿蔔和洋蔥去皮，切成邊長 3 至 4 公分的丁。製作調味香料束。若您有巴黎蘑菇的蕈柄，請約略切碎。

在大型平底深鍋中，用旺火將油加熱。加入雜碎，讓各個面都充分上色，不時攪拌。

當雜碎已充分上色，加入蔬菜等配料，也將蔬菜炒至上色。

加入 1 公升的水(應正好淹過雜碎和蔬菜)並加鹽。

煮沸，不時撈去浮沫，但不要太常，以免湯汁的油脂變得過少。小滾 1 小時。在燉煮結束前 10 分鐘撒上胡椒。靜置 15 分鐘後用漏斗型網篩過濾：您應獲得約 250 毫升的家禽醬汁。

小羊醬汁
JUS d'agneau

_ 修切下的小羊骨與肉(os et de
  parures d'agneau)1 公斤
_ 胡蘿蔔 1/2 根
_ 洋蔥 1/2 顆
_ 調味香料束(bouquet garni)
  1 束(見前述)
_ 未去皮的大蒜 2 瓣
_ 巴黎蘑菇柄(Épluchures de
  champignons de Paris)(隨意)
_ 油 50 毫升
_ 鹽 1 撮
_ 粗粒胡椒 1 撮

將小羊骨與肉切碎。將胡蘿蔔和洋蔥去皮，切成邊長 3 至 4 公分的丁。製作調味香料束。若您有巴黎蘑菇的蕈柄，請約略切碎。

在大型平底深鍋中，用旺火將油加熱。加入切碎的骨與肉，讓各個面都充分上色，不時攪拌。

當筋骨已充分上色，加入蔬菜等配料，也將蔬菜炒至上色。

加入 1 公升的水(應正好淹過筋骨和蔬菜)並加鹽。

煮沸，不時撈去浮沫，但不要太常，以免湯汁的油脂變得過少。小滾 1 小時。在燉煮結束前 10 分鐘撒上胡椒。靜置 15 分鐘後用漏斗型網篩過濾：您應獲得約 250 毫升的湯汁。

GLOSSAIRE
專有名詞

B

BLANCHIR 汆燙 / 使泛白
將食物短暫地投入加鹽的弗水中,然後再浸入冷水中並瀝乾。依食物而定,這樣的動作可讓食物變得更容易消化、去除酸味或過多的鹽、有利於去皮、裏肉質緊實或使顏色固著。在糕點上,blanchir 意指用攪拌器用力攪打蛋黃和糖至顏色泛白。

C

CHINOIS 漏斗型網篩
圓錐狀的金屬網篩(名稱來自其令人聯想到斗笠的外形。(譯註:CHINOIS 在法文亦有中國人之意)。漏斗型的網篩處是非常細緻的金屬紗網。

CHINOIS ÉTAMINE
漏斗型濾器
圓錐狀的金屬濾器,可用來過濾的部分比傳統的漏斗型網篩還要更加精細。

CISELER 切細丁
將葉菜類、洋蔥、甘蔥等食材切成很細的末,或用刀切成細碎,或是在食物二略切幾道切口,以利於烹煮。

COLORER 上色
將食物加熱至表面著色。

CONCASSER 切碎 / 搗碎
將食材分切,但並不特別講究塊狀的細緻或規則。

COUTEAU ÉCONOME
削皮刀
可用來為蔬菜或水果削皮,並盡量將果皮厚度降至最低的刀。

COUTEAU D'OFFICE
小刀
經常用於料理的小刀,刀身頂端尖銳,特別常用來為蔬果去皮。

CUISSON «À LA NAPPE» 烹煮至「薄薄地覆蓋表面」
部分奶油醬(如英式奶油醬)的烹煮方式,透過蛋黃的半凝結,非常緩慢地讓液體變稠。(編註:煮至濃稠狀態,奶油醬可薄薄地覆蓋在木杓或刮刀表面。)

D

DÉLAYER 調稀
在較濃稠的另一種配料中加入液體,讓材料變得較稀。

E

ÉCUMER 撈去浮沫
去除烹煮時出現在液體表面的泡沫。

ÉCUMOIRE 漏勺
有洞的平底大湯匙,用於撈去浮沫或將食物從烹煮的液體中取出。

ÉMINCER 切成薄片
用刀或用蔬果刨片器(mandoline)裁成片狀、圓形薄片或略薄的小薄片。

EMPORTE-PIÈCE
切割器(壓模)
多種形狀的金屬工具,可依想要的花樣切割麵皮或蔬菜。

F

FILTRER 過篩
用精細的濾器過濾液體,以去除雜質以及可能的固體物質。

I

INFUSER(FAIRE)浸泡
用熱的液體加蓋浸泡芳香物質,讓液體沾染其香氣。

L

LIER 勾芡 / 凝結
為湯汁或醬汁賦予黏度、稠度。

M

MIGNONNETTE
粗粒胡椒
約略壓碎的胡椒。

P

PARURES
準備過程中切除的肉或菜
修整肉（去除多餘的油脂、
神經等等）、魚（骨頭、頭
等等）或蔬菜（皮）後剩餘的
部分。切下的碎塊經常用
於製作醬汁（jus）。

PASSER 過濾
將液體放入漏斗型濾器或
漏斗型網篩中過篩。

R

RÉDUIRE
將湯汁收乾／濃縮
將湯汁收乾意即不加蓋烹
煮，讓烹煮液體的體積減
少，這個動作可讓味道更
為濃縮。

RÉSERVER 預留備用
將稍後要使用的食材或配
料放在一旁。

REVENIR（FAIRE）油煎
用很燙的脂質及旺火使食
物上色。這個詞可追溯至
十五世紀。

S

SAISIR 快炒／快煎
快速開始烹煮食物。

SAUTER（FAIRE）翻炒
在無液體的脂質中，不加
蓋以旺火烹煮食物，並一
邊上下搖動，以免黏鍋。

SAUTEUSE 煎炒鍋
圓底高邊，而且略為廣口的
烹煮器具。用來翻炒食物。

SUER（FAIRE）
出水／炒出水分
以溫和的熱度，在油脂中
加熱食物，以去除部分水
分的動作。

T

TAMIS 篩子
在料理中，由紡織、金屬、
合成等材質的細線所緊密
構成的網狀工具，用來過
篩麵粉（讓粉末變得更細
緻鬆散）或是濃稠的液體
（過濾 filtrer）。

TRAVAILLER 攪拌／混合
用力地攪拌糊狀或液狀備
料中的數種成分，用以混
合食材或使備料變得均勻
且平滑。

CARNET D'Adresses
店址

PARIS 巴黎

**L'ATELIER DE
JOËL ROBUCHON SAINT
GERMAIN**
喬埃·侯布雄美食坊
5, rue de Montalembert
75007 Paris
Tél: +33 1 42 22 56 56
Fax: +33 1 42 22 97 91

—

**L'ATELIER DE JOËL
ROBUCHON ÉTOILE**
喬埃·侯布雄美食坊
133 avenue des Champs
Elysées
75008 Paris
Tél: +33 1 47 23 75 75

—

**LA CAVE DE JOËL
ROBUCHON**
喬埃·侯布雄酒窖
3, rue Paul-Louis Courier
75007 Paris
Tél: +33 1 42 22 11 02
Fax: +33 1 42 22 33 27

MONACO 摩納哥

JOËL ROBUCHON
Hôtel Métropole
喬埃·侯布雄大都會酒店
4, avenue de la Madone
MC 98007 Monaco Cedex
Tél: +377 93 15 15 15
Fax: +377 93 25 24 44

—

YOSHI 耀西
Hôtel Métropole
喬埃·侯布雄大都會酒店
4, avenue de la Madone
MC 98007 Monaco Cedex
Tél: +377 93 15 13 13

Yoshi - Monaco
耀西 - 摩納哥

Joël Robuchon - Monaco
喬埃·侯布雄餐廳 - 摩納哥

LONDON 倫敦

**L'ATELIER DE
JOËL ROBUCHON**
喬埃·侯布雄美食坊
13-15 West Street
London WC2H 9NE
Tél: +44 (020) 7010 8600
Fax: +44 (020) 7010 8601

**LA CUISINE DE
JOËL ROBUCHON**
喬埃·侯布雄廚房
13-15 West Street
London WC2H 9NE
Tél: +44 (020) 7010 8600
Fax: +44 (020) 7010 8601

L'Atelier de Joël Robuchon Étoile - Paris
喬埃·侯布雄餐廳 - 巴黎

La cuisine de Joël Robuchon - Londres
喬埃·侯布雄廚房 - 倫敦

TOKYO 東京

**RESTAURANT DE
JOËL ROBUCHON**
喬埃•侯布雄餐廳
Yesubi Garden Place
1-13-1 Mita, Meguro-ku,
Tokyo
Tél: +81 03 5424 1347
Fax: +81 03 5424 1339

—

**LA TABLE DE
JOËL ROBUCHON**
喬埃•侯布雄餐桌
Yesubi Garden Place
1-13-1 Mita, Meguro-ku,
Tokyo
Tél: +81 03 5424 1347
Fax: +81 03 5424 1339

**L'ATELIER DE
JOËL ROBUCHON**
喬埃•侯布雄美食坊
Roppongi Hills Hillside 2F
6-10-1 Roppongi, Minato-
ku, Tokyo
Tél: +81 03 5772 7500
Fax: +81 03 5772 7789

—

**LE CAFÉ DE
JOËL ROBUCHON**
喬埃•侯布雄咖啡館
Takashimaya
Nihonbashi, Tokyo
Tél: + 81 03 5255 6933

La Table de Joël Robuchon - Tokyo
喬埃•侯布雄餐桌 - 東京

Château Restaurant - Tokyo
城堡餐廳 - 東京

CARNET D'Adresses
店址

HONG KONG
香港

L'ATELIER DE
JOËL ROBUCHON
喬埃•侯布雄美食坊
Shop 401, 4/F The
Landmark
15 Queen's Road Central,
Hong Kong
Tél: +852 2166 9000
Fax: +852 2166 9600

MACAO 澳門

JOËL ROBUCHON
A GALERA
喬埃•侯布雄加萊拉
Hotel Lisboa
2-4 avenida de Lisboa,
Macao
Tél: +853 28 377 666
Fax: +853 28 567 193

TAIPEI 台北

L'ATELIER DE
JOËL ROBUCHON
喬埃•侯布雄美食坊
5F No. 28 Song Ren Road
100 Hsin-Yi District
Taipei, Taiwan
Tél: +886 28 729 2638
Fax: +886 22 722 2778

SINGAPORE
新加坡

L'ATELIER DE
JOËL ROBUCHON
喬埃•侯布雄美食坊
Resorts World at Sentosa
Pte Ltd
8 Sentosa Gateway,
Sentosa
SINGAPORE 098269
Tél : +65 65 777 888
Fax : +65-6577 8890

Restaurant de Joël Robuchon - Singapore
喬埃•侯布雄餐廳 - 新加坡

JOËL ROBUCHON
RESTAURANT
喬埃•侯布雄餐廳
Resorts World at Sentosa Pte Ltd
8 Sentosa Gateway, Sentosa
SINGAPORE 098269
Fax : +65-6577 8890

L'Atelier de Joël Robuchon - Hong Kong
喬埃•侯布雄 - 香港

L'Atelier de Joël Robuchon - Singapore
喬埃•侯布雄 - 新加坡

LAS VEGAS
拉斯維加斯

JOËL ROBUCHON
MGM Grand
喬埃•侯布雄米高梅大賭場酒店
3799 Las Vegas Blvd. South
Las Vegas, Nevada 89109
Tél: +1 702 891 7925
Fax: +1 702 891 7025

—

**L'ATELIER DE
JOËL ROBUCHON**
MGM Grand
喬埃•侯布雄米高梅大賭場酒店
3799 Las Vegas Blvd. South
Las Vegas, Nevada 89109
Tél: +1 702 891 7358
Fax: +1 702 891 7356

Joël Robuchon - Las Vegas
喬埃•侯布雄餐廳 - 拉斯維加斯

L'Atelier de Joël Robuchon - New York
喬埃•侯布美食坊雄 - 紐約

NEW YORK
紐約

**L'ATELIER DE
JOËL ROBUCHON**
喬埃•侯布雄紐約四季酒店
Four Seasons Hotel New York
57 East 57th Street
New York, NY 10022
Tél: +1 212 350 6658
Fax: +1 212 893 6882

喬埃•侯布雄餐廳的所有店址，請查閱 www.joël-robuchon.com

喬埃•侯布雄（JOËL ROBUCHON）

—

世上擁有最多米其林星星的主廚（28 顆星）—喬埃•侯布雄，他捍衛純淨、真實的料理。在法國的電視觀眾眼中，他用節目—《絕對好滋味 Bon appétit bien sûr》讓在地食材和廚師變得受歡迎。他的美食坊吸引了國際性的顧客群，因為其中的開放式廚房讓顧客能夠在親切而優雅的環境中觀察創意料理的製作。已達巔峰的他仍持續維持作品的簡單。

—

編輯的致謝

感謝喬埃•侯布雄與其團隊，還有吉•喬伯（Guy Job）與其協助者。

喬埃•侯布雄的致謝

感謝榮獲 2000 年法國最佳職人（Meilleur Ouvrier de France）的主廚艾瑞克•布許諾（Éric Bouchenoire），以及其合作者兼調酒師安東尼•艾儂戴（Antoine Hernandez）。

www.joel-robuchon.com